ミクロ原子世界とマクロ宇宙のつながり

後編　量子力学と相対性理論

鹿児島大学名誉教授
平田好洋

南方新社

はじめに（前編）

現世界を制御している重要な力には、原子核内に作用する強い相互作用、荷電粒子間に作用する電磁相互作用、中性子崩壊のような核反応をおこす弱い相互作用及び質量を有する物体間に作用する重力の４種類がある。しかしながら、これらの力の相互関係は、完全には理解されていない。これらの関係について知識が深まれば、原子系世界から宇宙サイズの世界へのつながりを理解しやすくなる。それで一つ一つの力について、考察を深め、可能な計算を行った。ニュートン力学の内容を水素に関するシュレーディンガー方程式の解と照らし合わせて理解することに努めた。

その結果、（１）原子系においては、重力＝静電引力（反発）＝遠心力の等号関係が成立すること、（２）重力—静電引力の変換式（質量—電荷の変換式）が誘導できること、（３）静電場ポテンシャルエネルギーを用いたシュレーディンガー方程式によって、ミクロ原子系からマクロな宇宙サイズまでの粒子物性の連続した、一貫性のある動きを提示できること、（４）中性子崩壊現象は、量子力学で解析される電子の全エネルギーと密接に関係していること、が示された。また、これまで明確にされてこなかった電子の原子核への最接近距離（限界半径）、原子番号の最大値、原子核内および原子核—電子間の重力の引力定数、原子核のサイズ、原子核内の重力加速度、宇宙のサイズ、年令、エネルギー、太陽系惑星の構造などの物性値が予測された。本書の内容は今後の実験や観測の結果と比較が可能であり、本書がこの分野の発展に役立つことを願っている。本書を楽しんでもらえれば、本望である。

2022 年 11 月 29 日　　平田　好洋

後編の出版にあたり

前編で宇宙の創生と成長を理解するために、粒子間に作用する静電引力—重力—遠心力—量子力学の相互関係を考察した。そして、明らかにされたこれらの関係を用いて、原子系から宇宙サイズまでの粒子間の連続した、一貫性のある相互作用を説明することができた。

その後、前編で深く考察しなかった量子力学とアインシュタインの相対性理論の関係を解析した。後編 16, 17 章でその内容を説明する。両法則の融合により、粒子から光子への変化、並びに粒子のエネルギーと空間サイズ、生成時間の関係を記述することができた。万有引力の相対性理論は、量子力学支配の調和振動粒子のエネルギーと同等の内容を記述していることがわかった。また、最も身近な宇宙、地球—月の関係についても 15 章で解析した。18 章でこれまで考察した物理法則の関係を、用いた構成因子により比較した。粒子の速度により、支配される物理法則が分類された。まだまだ、原子系と宇宙の関係については、未知な点が多い。今後も少しずつ、理解を深めていけたらと思っている。

2023 年 12 月 4 日　平田　好洋

目次

（後編）

第 15 章　地球を周る月の動き

2023 年理科年表（国立天文台編、丸善出版）によると、地球の質量は 5.972 x 10^{24}kg で、地球と月の距離（軌道長半径）は 3.84399 x 10^{8}m である。11 章の太陽—惑星の関係と同様に、地球—月の距離の関係が(8-8)式の量子力学で表されるとき、J 粒子地球の Z 値は(15-1)式で与えられる。

$$Z = \frac{a_0 n^2}{r} = (5.29177 \times 10^{-11}) \frac{n^2}{(3.84399 \times 10^8)} \qquad (15\text{-}1)$$

$$= 1.37663 \times 10^{-19} \qquad (n = 1)$$

a_0 はボーア半径 ($5.29177 \times 10^{-11}\ m$)、$r$ は地球—月の距離 ($3.84399 \times 10^8\ m$)、n は回転する月の主量子数で、(15-1)式では、n =1 として計算された。11 章の J 粒子太陽の原子価 ($Z = 9.13950 \times 10^{-22}$) 及び J 粒子地球の原子価 ($Z = 1.37663 \times 10^{-19}$) と万有引力定数相当 J 粒子の原子価($Z_0 = 4.40788 \times 10^{-40}$) の比をそれぞれ、(15-2)と(15-3)式に示す。

$$\frac{Z(sun)}{Z_0(universal)} = \frac{9.13950 \times 10^{-22}}{4.40788 \times 10^{-40}} = 2.07344 \times 10^{18} \qquad (15\text{-}2)$$

$$\frac{Z(earth)}{Z_0(universal)} = \frac{1.37663 \times 10^{-19}}{4.40788 \times 10^{-40}} = 3.12311 \times 10^{20} \qquad (15\text{-}3)$$

(15-2)式に比べて、(15-3)式が大きくなることがわかる。このことは、宇宙における回転粒子の結合が、太陽—地球　< 地球—月の順に強くなる階層構造を形成していることを反映している。

回転する月を電子と見なした時の地球質量 ($m_1 = 5.972 \times 10^{24}\ kg$)に対する

原子価 (Z_1) は、 (10-6)式より(15-4)式で与えられる。

$$Z_1 = \frac{m_1 Z_0}{m_p} = (2.63531 \times 10^{-13})(5.972 \times 10^{24}) = 1.57381 \times 10^{12} \tag{15-4}$$

m_pは陽子の質量($m_p = 1.67262 \times 10^{-27} kg$)を示す。11 章で示した太陽の$Z_1$値 ($Z_1 = 5.23900 \times 10^{17}$) に対する地球の Z_1 値 ($Z_1 = 1.57381 \times 10^{12}$) の比は、$3.00402 \times 10^{-6}$ と小さな値である。

太陽の周りを回転する惑星の速度(v)は、(2-4)式、(8-8)式及び(10-6)式より次式で表される。

$$v^2 = \left(\frac{e^2}{4\pi\varepsilon_0 m_e a_0}\right)\frac{ZZ_1}{n^2} = \left(\frac{v_0}{2n}\right)^2 ZZ_1 = \left(\frac{v_0^2 Z_0}{4m_p}\right)\frac{Zm_1}{n^2} = 1.26126\frac{Zm_1}{n^2} \tag{15-5}$$

a_0はボーア半径 (5.29177×10^{-11} m)、v_0は $e^2/\varepsilon_0 h$ に等しい速度 (4.37538×10^6 m/s)、Z は J 粒子太陽の原子価 (9.13950×10^{-22})、Z_0 は万有引力定数に対応する J 粒子の原子価 (4.40788×10^{-40})、Z_1 は現太陽に対応する原子価 (5.23900×10^{17})、m_1 は太陽の質量(1.988×10^{30} kg)、m_p は陽子の質量(1.67262×10^{-27} kg)、n は惑星の主量子数である。惑星の速度は Z_0 及び Z の両方に依存し、最終的に Z、m_1、n の関数で表現される。(15-5)式による太陽系惑星の速度は、11 章に示した惑星の回転速度に一致する。(15-5)式の惑星の速度$\left(v = v_0\sqrt{ZZ_1}/2n\right)$ は、(1-17)式に示した原子系の電子の速度($v = v_0 Z/2n$) と比較される。J 粒子太陽の質量が大きくなると、Z 値は$\sqrt{ZZ_1}$値へ変化する。すなわち惑星の速度も原子系と同様に量子力学に基づくZ/n^2比での速度の表現が可能である。

地球を周る月の回転速度も、(15-5)式で計算される。(15-5)式の Z は J 粒子地球の原子価($Z = 1.37663 \times 10^{-19}$)、$Z_1$は(15-4)式で与えられる地球の質量に対する原子価である。(15-5)式による月の速度は、$v(moon) = 1.01829\ (km/s)$ の値である。11 章の太陽を周る地球の回転速度($v(earth) = 29.78140\ km/s$)に対する月の回転速度の比は、$v(moon)/v(earth) = 0.034192$ と小さな値である。

月の公転周期 (T) は、公転速度$v(moon)$と地球―月の距離r を用いて、(15-6)式で計算される。

$$T = \frac{2\pi r}{v(moon)} = 2\pi \frac{3.84399 \times 10^8}{1.01829 \times 10^3} = 2.37186 \times 10^6 (s) = 27.45217 (day) \quad (15\text{-}6)$$

計算される公転周期は、2023 年理科年表（国立天文台編、丸善出版）に記載の公転周期（恒星月）の 27.321662 day とよく一致する。

地球を周る月に対する加速度($g(moon), m/s^2$)は、5 章表 2 及び(10-1)式より、(15-7)式で与えられる。

$$g\ (moon) = \frac{Z_1 e^2}{4\pi\varepsilon_0 m_e r^2} = \left(\frac{e^2}{4\pi\varepsilon_0 m_e m_p}\right)\frac{m_p Z_1}{r^2} = G_g Z_1 \frac{m_p}{r^2} = \frac{v^2}{r}$$

$$= \frac{(1.01829 \times 10^3)^2}{3.84399 \times 10^8} = 2.69749 \times 10^{-3} (m/s^2) \quad (15\text{-}7)$$

$G_g\left(= 1.51417 \times 10^{29}\ (m/s)^2(m/kg)\right)$は、10 章で説明した原子系での重力の引力定数である。一方、太陽を周る地球に対する加速度も(15-7)式を利用して、(15-8)式で与えられる。

$$g\ (earth) = \frac{v^2}{r} = \frac{(29.78140 \times 10^3)^2}{1.496 \times 10^{11}} = 5.92869 \times 10^{-3} (m/s^2) \quad (15\text{-}8)$$

$g(moon)/g(earth)$ 比は 0.45499 である。太陽を周る地球の加速度の方が、地球を周る月の加速度より大きい。

一方、地球及び月の表面での重力加速度は、(15-7)式を利用して計算される。r に地球($r = 6.3781 \times 10^6\ m$)あるいは月の半径($r = 1.7374 \times 10^6\ m$)を代入する。

$$g\ (earth, surface) = G_g Z_1 \frac{m_p}{r^2}$$

$$= (1.51417 \times 10^{29})(1.57381 \times 10^{12}) \frac{1.67262 \times 10^{-27}}{(6.3781 \times 10^6)^2} \qquad (15\text{-}9)$$

$$= 9.79812\ \ (m/s^2)$$

(15-9)式の計算値は、地球の標準重力加速度、9.80665 m/s^2 とよく一致する。2023 年理科年表（国立天文台編、丸善出版）によると、月の質量は地球の質量の 0.0123 倍である。月のZ_1値は(10-6)式を用いて、(15-10)式で与えられる。

$$Z_1(moon) = (2.63531 \times 10^{-13}) m(moon)$$

$$= (2.63531 \times 10^{-13})(0.0123)(5.972 \times 10^{24}) = 1.93578 \times 10^{10} \qquad (15\text{-}10)$$

月表面での重力加速度は、(15-7)及び(15-10)式より、次のように求められる。

$$g\ (moon, surface) = G_g Z_1 \frac{m_p}{r^2}$$

$$= (1.51417 \times 10^{29})(1.93578 \times 10^{10}) \frac{1.67262 \times 10^{-27}}{(1.7374 \times 10^6)^2} \qquad (15\text{-}11)$$

$$= 1.62416\ \ (m/s^2)$$

地球上の重力加速度、9.79812 m/s^2 に対する月面上での重力加速度、1.62416 m/s^2の比は、0.16576 となる。2023 年理科年表（国立天文台編、丸善出版）によると、この比は 0.17 と報告されており、本計算値とよく一致する。

以上の計算結果より、次の関係が導かれる。

$$Z_1(moon)(1.93578 \times 10^{10}) < Z_1(earth)(1.57381 \times 10^{12}) < Z_1(sun)(5.23900 \times 10^{17}) \tag{15-12}$$

$$v(moon, revolution)(1.01829\ km/s) < v(earth, revolution)(29.78140\ km/s) \tag{15-13}$$

$$g(moon, revolution)(2.69749 \times 10^{-3}\ m/s^2) < g(earth, revolution)(5.92869 \times 10^{-3}\ m/s^2) \tag{15-14}$$

$$g(moon, surface)(1.62416\ m/s^2) < g(earth, surface)(9.79812\ m/s^2) \tag{15-15}$$

第 16 章　原子系の相対性理論

16−1　調和振動粒子の相対性理論

1 章で調和振動粒子の全エネルギーをニュートン力学と量子力学で表現し、両者の関係を考察した。(16-1)式に粒子の全エネルギー（E）を示す。

$$E = K + U = \frac{1}{2}m(2\pi fA)^2 = \frac{1}{2}hf(1+2n) \qquad (16\text{-}1)$$

K と U はそれぞれ、単振動粒子（質量, m kg）の運動エネルギーとポテンシャルエネルギーを示す。f (1/s)は単振動の周波数、A(m)は Fig.1 の振動の振幅で、$2\pi fA$ は単振動粒子の移動速度 $(v, m/s)$に対応している。$h\,(6.62607 \times 10^{-34}\,Js)$ はプランク定数、n は(1-8)式に示す整数 (n = 0, 1, 2, ・・・)で、主量子数である。n = 0 の全エネルギー、(1/2) hf は 1 章で説明した調和振動の 0 点エネルギーである。

アインシュタインの特殊相対性理論によると、速度 $v\ m/s$で移動している粒子の質量 $m\,kg$と静止している粒子の質量 $m_0\,kg$は(16-2)式で関係づけられる。[6)]

$$m = \frac{m_0}{\sqrt{1-\left(\frac{v}{c}\right)^2}} \qquad (16\text{-}2)$$

$c\ (2.99792\ \times 10^8\ m/s)$ は光速度を示す。(16-2)式を変形すると(16-3)式となる。

$$\left(\frac{m_0}{m}\right)^2 = 1-\left(\frac{v}{c}\right)^2 = 1-\frac{g}{g_c} \qquad (16\text{-}3)$$

$g\ (m/s^2)$は速度 v で回転する粒子の加速度、$g_c\ (m/s^2)$は光速度 cで回転する粒子の加速度を示し、(3-8)式に両者の関係が示されている。 (16-3)式は、$v =$

$0\ m/s$ のとき、$m = m_0$ の関係を与える。$v = c$ のとき、$m_0/m = 0$ となり、光波の静止質量　m_0 は 0 kg であることを示す。したがって、光波のポテンシャルエネルギー($U = m_0c^2$) は（1-12）式に示したが、0　J である。光波の全エネルギーは (16-4)式で与えられる。

$$E = K + U = K = mc^2 = hf \tag{16-4}$$

質量を有する調和振動粒子の運動エネルギー (K) は、(16-2)と(16-4)式より(16-5)式で与えられる。[6)]

$$K = E - U = mc^2 - m_0c^2 = mc^2\left[1 - \sqrt{1 - (v/c)^2}\right] \tag{16-5}$$

$v = 0\ m/s$ のとき $K = 0$ となり、$E = mc^2 = m_0c^2 = U$ となる。一方、$v = c\ m/s$ のとき $K = mc^2 = E$ であり、$U = 0$ を意味する。すなわち、(16-5)式は m_0 の静止質量が有する全エネルギー($E = U = m_0c^2$) が、速度 v で移動する質量 m の全エネルギーへ変化するときの運動エネルギーを示している。両粒子の全エネルギーは等しく、U の減少が K の増加をもたらす。この様子は、Fig. 1 のニュートン力学による振動モデルの K と U の関係と同様である。

原子レベルまで粒子の質量が小さくなると、調和振動粒子の全エネルギーは(16-1)式で示され、n = 0 のとき最小の値となる。その時の E を U に対応させる。すなわち、U は相対性理論の静止質量 (m_0) と(16-6)式で関係づけられる。

$$U = \frac{1}{2}hf = m_0c^2 \tag{16-6}$$

(16-1)と(16-6)式より、次の関係が誘導される。(16-7)式を変形すると、(16-8)式が得られる。

$$E = \frac{1}{2}mv^2 = \frac{1}{2}hf(1+2n) = m_0c^2(1+2n) \tag{16-7}$$

$$\frac{v^2}{c^2} = \left(\frac{m_0}{m}\right)2(1+2n) \tag{16-8}$$

(16-8)式は、主量子数 n が 0 に近づいても、調和振動粒子の速度は $v = 0\ m/s$ にならないことを示している。(16-3)と(16-8)式より、(16-9)式の関係が導かれる。

$$\left(\frac{m_0}{m}\right)^2 + 2(1+2n)\left(\frac{m_0}{m}\right) - 1 = 0 \tag{16-9}$$

(16-9)式は (m_0/m) 比の２次方程式であり、その解を(16-10)式に示す。

$$\left(\frac{m_0}{m}\right) = \sqrt{(1+2n)^2+1} - (1+2n) \tag{16-10}$$

この m_0/m 比は、全エネルギーE $(= mc^2)$ に対するポテンシャルエネルギーU $(= m_0c^2)$の比を表す。主量子数 n と(16-10)式によるm_0/m 比の関係、及び得られる m_0/m 比と n 値から(16-8)式で求められる v/c 比 を以下に示す。

$n = 0$: $m_0/m = 0.41421$, $v/c = 0.91017$

$n = 1$: $m_0/m = 0.16227$, $v/c = 0.98674$

$n = 2$: $m_0/m = 0.099019$, $v/c = 0.99508$

$n = 3$: $m_0/m = 0.071067$, $v/c = 0.99747$

$n = 4$: $m_0/m = 0.055385$, $v/c = 0.99846$

$n = 10$: $m_0/m = 0.023796$, $v/c = 0.99971$

$n = 100$: $m_0/m = 0.0024875$, $v/c = 0.99999$

n = 0 のときm_0/m 比は 0.41421 で、0 点エネルギーでの調和振動粒子も光速度の 91 %の速度を有している。主量子数 n が 2 以上では、調和振動粒子の速度は光速度の 99 %以上となる。n の増加に伴い、振動粒子のポテンシャルエネルギー U ($U/E = m_0/m$) は減少し、運動エネルギー K ($K/E = 1 - m_0/m$)は増加する。すなわち、前述の v/c 比は、質量を有する調和振動粒子が徐々にその U を K に変えることにより、静止質量を持たない U = 0 の光波へ変化する様子を定量的に示している。

アインシュタインの特殊相対性理論によると、速度 v の移動体上で測定される長さ (L)と時間 (t) はそれぞれ、(16-11)と(16-12)式で示される[6]。

$$L = L_0\sqrt{1 - \left(\frac{v}{c}\right)^2} \tag{16-11}$$

$$t = t_0\sqrt{1 - \left(\frac{v}{c}\right)^2} \tag{16-12}$$

L_0 と t_0 はそれぞれ、$v = 0\,m/s$ の静止状態で測定された長さと時間を示す。$v > 0$ のとき、$L < L_0$ と $t < t_0$ の関係にある。また、(16-2)、(16-11)及び(16-12)式より次式の関係が得られる。

$$\frac{m_0}{m} = \frac{L}{L_0} = \frac{t}{t_0} = \sqrt{1 - \left(\frac{v}{c}\right)^2} \tag{16-13}$$

(16-8)、(16-10)式の関係を(16-13)式に代入すると、(16-14)式が得られる。

$$\frac{L}{L_0}=\frac{t}{t_0}=\sqrt{1-\left(\frac{m_0}{m}\right)2(1+2n)}$$

$$=\sqrt{1-2(1+2n)\left\{\sqrt{(1+2n)^2+1}-(1+2n)\right\}} \qquad (16\text{-}14)$$

(16-10)式と(16-14)式の右辺は異なるｎ の関数であるが、(16-10)式の２乗$(m_0/m)^2$と(16-14)式の２乗$(L/L_0)^2$は等しく、(16-13)式の等号関係は成立している。

前述のように、主量子数ｎの増加に伴い、v/c 比は限りなく１に近づき、m_0/m比、 L/L_0 比、及び t/t_0 比は徐々に０ に近づくことになる。すなわち、量子力学に支配される粒子が調和振動を行うとき、主量子数の増加は光波への変化をもたらす。そして、粒子が存在する空間のサイズの比は限りなく ０ に近づき、その空間で測定される時間の比も限りなく ０ に近づくことになる。

(16-10)式の逆数は、$m_0,\ L,\ t$ を基準とした質量、長さ、時間の比であり、ｎの関数として以下の値となる。

$n=0$: $m/m_0=L_0/L=t_0/t=2.41421$

$n=1$: $m/m_0=L_0/L=t_0/t=6.16227$

$n=2$: $m/m_0=L_0/L=t_0/t=10.09901$

$n=3$: $m/m_0=L_0/L=t_0/t=14.07106$

$n=4$: $m/m_0=L_0/L=t_0/t=18.05538$

$n=5$: $m/m_0=L_0/L=t_0/t=22.04536$

$n=8$: $m/m_0=L_0/L=t_0/t=34.02938$

$n=10$: $m/m_0=L_0/L=t_0/t=42.02379$

Fig. 19 にそれぞれのｎにおけるm/m_0 、L_0/L 、t_0/t 比 を示す。これらの比は、ｎ にほぼ比例して増加することがわかる。

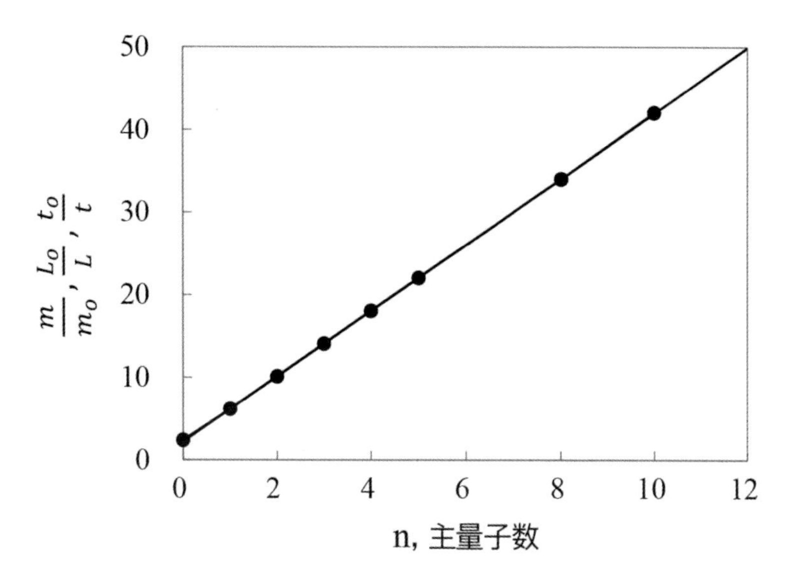

Fig.19 速度vの調和振動粒子について測定される質量(m)、長さ(L)及び時間(t)と主量子数(n)の関係
m_o、L_o、t_oは静止状態について測定される物理量である

(16-15)式に(16-10)式の逆数を示す。

$$\frac{m}{m_0}=\frac{L_0}{L}=\frac{t_0}{t}=\frac{1}{\sqrt{(1+2n)^2+1}-(1+2n)}$$

$$=\frac{\sqrt{(1+2n)^2+1}+(1+2n)}{\left[\sqrt{(1+2n)^2+1}-(1+2n)\right]\left[\sqrt{(1+2n)^2+1}+(1+2n)\right]} \qquad (16\text{-}15)$$

$$=\sqrt{(1+2n)^2+1}+(1+2n)\approx 2(1+2n) \qquad \left((1+2n)\gg 1\right)$$

$(1+2n)\gg 1$ の条件下で m/m_0、L_0/L、t_0/t 比は $2(1+2n)$に近似され、n に比例して大きくなることがわかる。Fig. 19 の傾向をよく説明する。この n の減少の方向が、m_0, L_0, t_0 で示される静止状態から溯る宇宙の創生の方向と考えることが許されるならば、n=0 における L, t, m は 0 ではなく、 前述の有限の比を与えることになる。すなわち、宇宙創生時におけるL, t, m は 0 ではないことを示している。

16－2　原子内の電子の相対性理論

水素と類似の一電子構造の質量 m kg の電子の全エネルギー(E)は、(1-16)、(5-1) 式に示した。(16-16)式に再掲示する。

$$E = -\frac{1}{2}m\left(\frac{Zv_0}{2n}\right)^2 \quad (16\text{-}16)$$

Z は中心陽イオンの原子価、v_0 は　$e^2/\varepsilon_0 h$ に等しい速度($4.37538 \times 10^6\ m/s$)、n は主量子数である。$(Zv_0/2n)$ は回転する電子の速度(v) を示す。(16-2)、(16-16)式より、電子の静止質量　(m_0)　と動的質量　(m) の関係は、(16-17)式で与えられる。

$$\left(\frac{m_0}{m}\right)^2 = 1 - \left(\frac{v}{c}\right)^2 = 1 - \left(\frac{Zv_0}{2nc}\right)^2 \quad (16\text{-}17)$$

Z = 1 の水素についての n 値とm_0/m 比の関係を以下に示す。

$n = 1$: $m_0/m = 0.9999733$

$n = 2$: $m_0/m = 0.9999933$

$n = 3$: $m_0/m = 0.9999970$

$n = 4$: $m_0/m = 0.9999983$

$n = 10$: $m_0/m = 0.9999997$

$n = 100$: $m_0/m = 0.9999999$

n が 1 以上で、m_0/m 比は 1 に極めて近い値となる。このことは、水素中の電子の質量は n による変化が小さく、静止質量を用いてその全エネルギーを計算しても支障がないであろうことを示している。この点は、16－1 節で記述した調和振動粒子のm_0/m 比の n 依存性と大きく異なる。しかし、(16-17)式において、Z の増加は m_0/m 比の減少をもたらす。m_0/m 比が 0 $(m_0 = 0\,kg)$ は静止質量 $m_0\,kg$ の電子が光速度 の光波へ変化することを意味する。そのときの n = 1 での Z 値は、137.035999 と計算される。この値は 9 章で考察した最大原子番号（ゾンマーフェルトの微細構造定数の逆数）と一致する。原子番号が大きくなると、電子質量の取り扱いには注意を要する。

第 17 章　万有引力の量子力学と相対性理論

17－1　万有引力と量子力学

8 章と 10 章でニュートン力学による重力の式を考察した。(17-1)式は質量 $m_1\,kg$ の中心粒子の周りを質量 $m_2\,kg$ の粒子が回転するときの引力 (F, N) を示す。

$$F = m_2 g = G_g Z_0 \frac{m_1 m_2}{r^2} \tag{17-1}$$

$g\ (m/s^2)$はm_2粒子に作用する加速度で、$G_g\ \left(1.51417 \times 10^{29} (m/s)^2 (m/kg)\right)$は原子系の重力の引力定数で、$Z_0$ は万有引力定数に相当する中心粒子(J 粒子)の原子価で、$Z_0 = 4.40788 \times 10^{-40}$ のとき、$G_g Z_0$ の積は万有引力定数 G $\left(6.6743 \times 10^{-11} (m/s)^2 (m/kg)\right)$ に等しくなる。r は 2 粒子間距離で、量子力学に支配されるとき(8-8)式で表され、(17-2)式に再掲示する。

$$r = \frac{a_0 n^2}{Z} \tag{17-2}$$

a_0 はボーア半径($5.29177 \times 10^{-11}\ m$)、Z は陽子質量の m_1粒子の原子価を示し、n は回転するm_2 粒子の主量子数を示す。(17-1)、(17-2)式より、重力加速度 $g\ (m/s^2)$ は(17-3)式で表される。

$$g = G_g Z_0 \frac{m_1}{r^2} = G_g Z_0 m_1 \left(\frac{Z}{a_0 n^2}\right)^2 \tag{17-3}$$

主量子数 n の増加に伴い、g は小さくなる。m_1粒子を太陽 ($m_1 = 1.988 \times 10^{30}\ kg$) としたとき、陽子質量の J 粒子太陽の Z 値 (11 章) は 9.13950×10^{-22} である。太陽を周る地球 ($n^2 = 2.58376$)に作用する加速度は、(17-4)式となる。

$$g = G_g Z_0 m_1 \left(\frac{Z}{a_0 n^2}\right)^2$$

$$= (6.6743 \times 10^{-11})(1.988 \times 10^{30}) \left(\frac{9.13950 \times 10^{-22}}{5.29177 \times 10^{-11} \times 2.58376}\right)^2 \quad (17\text{-}4)$$

$$= 5.92869 \times 10^{-3}\ m/s^2$$

(17-4)式のg値は(15-8)式のg値と一致する。すなわち、(17-3)式が太陽系惑星の重力加速度を量子力学で表していることになる。

一方、回転する m_2 粒子の速度は、(16-3) と (17-3)式より(17-5)式で与えられる。

$$\frac{g}{g_c} = \frac{v^2}{c^2} = G_g Z_0 \frac{m_1}{c^2}\left(\frac{Z}{a_0 n^2}\right) \quad (17\text{-}5)$$

$g_c = c^2/r$ は光速度(c)で回転するm_2 粒子に作用する加速度である。(17-5)式を用いて計算した、太陽を周る地球の回転速度は 29.78140 km/s となる。この値は 11 章で説明した地球の回転速度と一致する。

原子系では(17-5)式において、$Z_0 = Z$ であり、Z 値は陽イオンの原子価に等しい。(17-5)式の n = 1 において、$v = c,\ m_1 = m_p$（陽子質量）とおくと、陽イオンの周りを回転する電子の速度が光速度に等しいことになる。この時の原子価 Z は(17-5)式より Z=137.035999 と計算される。この値は 9 章で説明した最大原子番号と一致する。

一方、m_1 粒子の周りを回転するm_2 粒子の静止質量(m_0) と動的質量(m)の関係は、(16-3)式で示される。(16-3)と(17-5)式に基づき、回転粒子の m_0とm の関係が、(17-6)式により量子力学の主量子数と結び付けられる。

$$\left(\frac{m_0}{m}\right)^2 = 1 - \frac{v^2}{c^2} = 1 - G_g Z_0 \frac{m_1}{c^2}\left(\frac{Z}{a_0 n^2}\right) \tag{17-6}$$

太陽の周りを回る地球のm_0とm の関係を(17-6)式で計算すると、$m = 1.000000005\, m_0$ となる。地球の動的質量は静止質量とほとんど一致している。このことは、$c \gg v$ のとき、(17-1)式の粒子の質量を静止質量で取り扱っても支障はないであろうことを示している。したがって、(17-1) と (17-3)式より、万有引力の式は、量子力学により(17-7)式で表すことができる。

$$F = m_2 g = m_2\left(G_g Z_0 \frac{m_1}{r^2}\right) = m_2\left(G_g Z_0 m_1\right)\left(\frac{Z}{a_0 n^2}\right)^2 \tag{17-7}$$

(17-7)式において、$Z_0 = Z$ ＝原子番号、$m_1 =$ 陽子質量、$m_2 =$ 電子質量とおくと、原子系での引力 (2-9, 10-1 式)を求めることができる。原子系では(17-7)式の主量子数 n は 1 以上の整数であるが、宇宙系での n は 11 章で記述したように、整数に限定されない正数である。また、(17-7)式は、(10-1)、(10-5)、(10-6)式を用いて粒子質量とG_g値を粒子の電荷に変換でき、万有引力を(17-8)式の電荷を用いた量子力学で表現できる。

$$F = \frac{Z_1 Z_2 e^2}{4\pi\varepsilon_0}\left(\frac{Z}{a_0 n^2}\right)^2 \tag{17-8}$$

(17-7)、(17-8)式は万有引力及び静電引力における 2 粒子間距離を量子力学による主量子数で表した形となっている。すなわち、これら 3 つの物理法則が融合した形となっている。引力 F は n の 4 乗に反比例しており、n が大 (遠距離) では F は小さく、n が小 (近距離) では F は大きくなる。

回転するm_2粒子の速度が上昇し、光速度に達すると(17-6)式＝ 0 となり、(17-

9)式が導かれる。

$$Zm_1 = \frac{c^2 a_0 n^2}{G_g Z_0} = 7.12585 \times 10^{16} \quad kg \quad (n = 1) \tag{17-9}$$

n = 1 の条件下では、中心粒子の質量 $m_1\,kg$ と陽子質量m_1粒子（J 粒子）の原子価 Z の積が(17-9)式に示す一定値となる。 m_1粒子が太陽の時 ($m_1 = 1.988 \times 10^{30}\,kg$)、Z は$3.58443 \times 10^{-14}$ と計算される。11 章で求めた現 J 粒子太陽の Z 値は9.13950×10^{-22} である。J 粒子太陽の原子価が 3.92191×10^{7} 倍大きくなると、n = 1 の水星の回転速度は光速度に達することになる。一方、J 粒子太陽の原子価は変化せず、太陽の質量が $7.79676 \times 10^{37}\,kg$ になると水星の回転速度は光速度に達する。中心粒子の Z を万有引力定数に相当する原子価 $Z_0(4.40788 \times 10^{-40})$ とすると、(17-9)式を満たす中心粒子の質量 m_1 は $1.61661 \times 10^{56}\,kg$ と計算される。太陽の質量の 8.13186×10^{25} 倍大きい質量である。

17−2　万有引力と相対性理論

ニュートン力学による重力と重力の加速度を、それぞれ(17-1)と(17-3)式に示した。一方、空間の距離 (r) とひずみ (ε) の関係は (17-10)式で示される。

$$d\varepsilon = \frac{dr}{r} \tag{17-10}$$

(17-3)と (17-10)式より、重力の加速度は(17-11)式で与えられる。

$$g = -G\frac{m_1}{r^2} = \frac{dv}{dt} = \frac{d}{dt}\left(\frac{dr}{dt}\right) = \frac{d}{dt}\left(r\frac{d\varepsilon}{dt}\right) = \frac{dr}{dt}\frac{d\varepsilon}{dt} + r\frac{d^2\varepsilon}{dt^2}$$

$$= r\frac{d\varepsilon}{dt}\frac{d\varepsilon}{dt} + r\frac{d^2\varepsilon}{dt^2} = r\left(\frac{d\varepsilon}{dt}\right)^2 + r\frac{d^2\varepsilon}{dt^2} \qquad (G = G_g Z_0) \tag{17-11}$$

(17-11)式は重力加速度が、m_1中心粒子の存在による空間のひずみ速度($d\varepsilon/dt = (1/r)\,dr/dt$) と関係づけられることを示している。特殊相対性理論により、m_1中心粒子の質量をエネルギーに変換し($E_1 = m_1c^2$)、体積 V(= $(4/3)\pi r^3$)で除した値（エネルギー密度, J/m^3）をE_v とすると、次式の関係が得られる。

$$g = -G\frac{(E_1/c^2)(4/3)\pi r^3}{r^2(4/3)\pi r^3} = -G\frac{E_v(4/3)\pi r}{c^2} = r\left(\frac{d\varepsilon}{dt}\right)^2 + r\frac{d^2\varepsilon}{dt^2} \tag{17-12}$$

(17-12)式を整理すると、(17-13)式が得られる。

$$-\frac{g}{r} = -\left(\frac{d\varepsilon}{dt}\right)^2 - \frac{d^2\varepsilon}{dt^2} = \frac{4\pi G E_v}{3c^2} \tag{17-13}$$

(17-13)式は、質量を有するm_2粒子に対する引力の重力加速度とm_1中心粒子からの距離の比が、m_1中心粒子のエネルギー密度あるいは空間のひずみ速度と等価であることを示している。(17-13)式において、$d\varepsilon/dt = 0$ ($\varepsilon = 0$ or $\varepsilon = constant$) のとき$E_v = 0$ となり、$m_1 = 0\ kg$ を意味する。一方、(17-11)式で$dr/dt = c$（光速度）のとき、$d\varepsilon/dt = (1/r)\,dr/dt = c/r$ であり、(17-13)式の中央のひずみ速度の式は 0 となる。すなわち、$E_v = 0$ ($m_1 = 0$) のとき、空間のひずみが光速度で運動することになる。m_1中心粒子の消失、$E_v = 0$ ($m_1 = 0$) に伴うひずみ速度は、m_1中心粒子より離れるほど小さくなる。

(15-7)、(15-8)式より、万有引力の加速度 g は $g = -v^2/r$ であり、(17-12)式より次の関係が導かれる。

$$\left(\frac{d\varepsilon}{dt}\right)^2+\frac{d^2\varepsilon}{dt^2}=-\left(\frac{v}{r}\right)^2 \tag{17-14}$$

したがって、(16-3)式と(17-14)式からm_1粒子の周りを回転するm_2粒子の静止質量(m_0) と動的質量(m) の比は以下のように示される。

$$\left(\frac{m_0}{m}\right)^2=1-\left(\frac{v}{c}\right)^2=1-\left(\frac{v}{r}\right)^2\Big/\left(\frac{c}{r}\right)^2=1+\left(\frac{r}{c}\right)^2\left[\left(\frac{d\varepsilon}{dt}\right)^2+\frac{d^2\varepsilon}{dt^2}\right]$$
$$=\left(\frac{m_0c^2}{mc^2}\right)^2=\left(\frac{U}{E}\right)^2=\left(\frac{E-K}{E}\right)^2=\left(1-\frac{K}{E}\right)^2 \tag{17-15}$$

E、U、K はそれぞれ、m_1粒子の周りを回転するm_2粒子の全エネルギー、ポテンシャルエネルギー、運動エネルギーを示す。K = 0 (E = U)のとき、$v=0,\ d\varepsilon/dt=0$ であり、$m=m_0$ となる。一方、U = 0 (E = K)のとき、$d^2\varepsilon/dt^2+(d\varepsilon/dt)^2=-(c/r)^2$ であり、 $v=c,\quad m_0=0$ を意味する。

(17-15)式を変形すると、(17-16)式となる。

$$m_0=m\sqrt{1-\left(\frac{v}{c}\right)^2}=m\sqrt{1+\left(\frac{r}{c}\right)^2\left[\left(\frac{d\varepsilon}{dt}\right)^2+\frac{d^2\varepsilon}{dt^2}\right]}=my$$
$$\left(y=\sqrt{1-\left(\frac{v}{c}\right)^2}=\sqrt{1+\left(\frac{r}{c}\right)^2\left[\left(\frac{d\varepsilon}{dt}\right)^2+\frac{d^2\varepsilon}{dt^2}\right]}\right) \tag{17-16}$$

$v=0$ のとき y=1 であり、$m_0=m$ となる。$v=c$ のとき y=0 であり、$m_0=0$ となる。(17-1) と(17-16)式より、次式の関係が得られる。

$$F=m_2g=-G\frac{m_2m_1}{r^2}=-G\frac{m_0m_1}{r^2y} \tag{17-17}$$

$$Fy = F\left(\frac{m_0}{m}\right) = -G\frac{m_0 m_1}{r^2} \tag{17-18}$$

y = 1 のとき、m_2粒子の速度は 0 m/s であり、m_0, m_1 kg の静止質量で表現したニュートン力学、(17-18)式を与える。y = 0 ($m_0 = 0$)のとき、(17-18)式の左辺と右辺はいずれも 0 であり、m_2粒子が光速度で運動していることを意味する。

以上のように、(17-18)式のニュートン式は、回転粒子の速度が 0 から光速度まで変化するときの関係を与えている。(17-18)式を変形すると、m_2粒子の動的質量(m) で表現した重力の式、(17-19)式となる。(17-19)式は、(17-1)式と同じである。

$$F = -G\frac{m m_1}{r^2} \tag{17-19}$$

質量を有する粒子について、$c \gg v$ の条件下では、$m_0 \approx m$ であり、(17-18)式が十分高い精度で成立する。m_2粒子の速度が光速度に近くなると、静止質量を用いた(17-18)式の両辺は 0 に近づく。しかし、(17-19)式の動的質量を用いたニュートン式で粒子間に作用する引力を表すことができる。すなわち、光速度の光子にも中心粒子m_1 による引力が作用することになる。m_2粒子が光速度で移動するとき、その全エネルギーは$E_2 = mc^2 = hf$ であり、$v = 0$ の静止質量 (m_0) の全エネルギー $E_2 = m_0c^2$ と等しくなる。したがって、光子に対する引力は、$v = 0$ の静止質量 (m_0)を用いて、(17-20)式で表される。

$$F = -G\frac{m m_1}{r^2} = mg = m_0 g = -\frac{m_0 c^2}{r} \tag{17-20}$$

(17-20)式の関係は、3 章の原子核内の引力の考察に用いられた。

17−3　運動粒子のエネルギーと相対性理論

質量に関する特殊相対性理論を(17-15)式に示した。この式は、空間のひずみ速度と回転粒子のエネルギーの関係を与えている。(17-15)式より、(17-21)式が導かれる。

$$\left(1-\frac{K}{E}\right)^2 = 1+\left(\frac{K}{E}\right)^2 - 2\left(\frac{K}{E}\right) = 1+\left(\frac{r}{c}\right)^2\left(\frac{d\varepsilon}{dt}\right)^2 + \left(\frac{r}{c}\right)^2\frac{d^2\varepsilon}{dt^2} \tag{17-21}$$

(17-21)式の中央の式と右辺の式の比較より、粒子のエネルギーとひずみ速度について、次の 2 つの関係が得られる。

$$\frac{K}{E} = \left(\frac{r}{c}\right)\frac{d\varepsilon}{dt} \tag{17-22}$$

$$\frac{K}{E} = -\frac{1}{2}\left(\frac{r}{c}\right)^2\frac{d^2\varepsilon}{dt^2} \tag{17-23}$$

(17-22)、(17-23)式より、次のひずみ速度の式が成立する。

$$\frac{d\varepsilon}{dt} = -\frac{r}{2c}\frac{d}{dt}\left(\frac{d\varepsilon}{dt}\right) \tag{17-24}$$

(17-24)式の微分方程式の解は、(17-25)式で与えられる。

$$\frac{d\varepsilon}{dt} = B\,exp\left(-\frac{2ct}{r}\right) \tag{17-25}$$

B (1/s)は(17-24)式の積分定数である。したがって、(17-22)、(17-25)式より、次の

E、K、U の関係が得られる。

$$\frac{K}{E} = \left(\frac{r}{c}\right)\frac{d\varepsilon}{dt} = \left(\frac{B}{c}\right) r\, exp\left(-\frac{2ct}{r}\right) = \frac{v}{c} exp\left(-\frac{2ct}{r}\right) \quad (v = Br) \qquad (17\text{-}26)$$

$$\frac{U}{E} = 1 - \frac{K}{E} = 1 - \left(\frac{B}{c}\right) r\, exp\left(-\frac{2ct}{r}\right) = 1 - \frac{v}{c}\, exp\left(-\frac{2ct}{r}\right) \qquad (17\text{-}27)$$

K/E、及び U/E 比は、r と t の関数である。Br の積は速度 $v(m/s)$を与える。t を一定としたとき、m_1中心粒子とm_2回転粒子の距離、r の増加は、$e^{-1/r} \to 1$ をもたらす。そして、K/E 比は $(B/c)r\ (= v/c)$ に近似され、増加する。一方、U/E 比は、 $1 - (B/c)r\ (= 1 - v/c)$に近似され、0 に近づく。しかし、U/E 比は正の値であり、r には限界値、$r(max) \approx c/B\ (Br(max) = v(max) \approx c)$ が存在することになる。

r にともなう K と U の関係は、16-1 節で考察した、量子力学に支配される調和振動粒子の相対性理論の内容と類似している。調和振動粒子の主量子数 n の増加は、K/E 比 の増加と U/E 比の減少をもたらす。(17-26)、(17-27)式中の距離 r は、Fig.1 に示したニュートン力学支配の調和振動の振幅、A に対応している。(1-9)、(16-1)式に示したように、A^2 は $(1 + 2n)$ と比例関係にある。したがって、万有引力の相対性理論は、量子力学支配の調和振動のエネルギーの関係と同等の内容を記述していることになる。

一方、(17-26)、(17-27)式において r を一定とすると、t の増加は K/E 比の減少と U/E 比の増加をもたらす。時間の増加にともない、運動エネルギーK が徐々にポテンシャルエネルギーU に変化することを表している。$t \to 0$ において、$K/E \to (B/c)\,r\,(= v/c)$, $U/E \to 1-(B/c)\,r\,(= 1-v/c)$ となる。E、K、U が正の値である限り、$t \to 0$ で $c/B \approx r(max) > r > 0$ ということになる。以上のことと(17-15)式から(17-28)式が誘導される。

$$\left(\frac{m_0}{m}\right)^2 = \left(\frac{U}{E}\right)^2 = 1-\left(\frac{v}{c}\right)^2 = \left(1+\frac{v}{c}\right)\left(1-\frac{v}{c}\right) \approx \left(1-\frac{v}{c}\right)^2$$
$$= \left(1-\frac{v}{c}\right)\left(1-\frac{v}{c}\right) \to \left(1+\frac{v}{c}\right) \approx \left(1-\frac{v}{c}\right) \qquad (17\text{-}28)$$

(17-28)式の成立より、 $1 \gg v/c = Br/c$ の関係が得られる。$t \to 0$ では、$m \approx m_0,\ E \approx U,\ c \gg v\,(= Br)$ であることを意味する。

(17-25)式の積分定数 $B(1/s)$ が宇宙膨張速度$(dr/dt = v = Hr)$ を示すハッブル定数 $(H, 1/s)$ に等しい時、宇宙のサイズ，$r(max) = c/B = c/H$, を求めることができる。2023 年理科年表（国立天文台編、丸善出版）によると、H は $70\ km/s/Mpc$ $(= 2.26854 \times 10^{-18}\ 1/s,\ 1\,pc = 3.08567 \times 10^{16}\ m)$ と報告されている。したがって、$r(max) = 1.32151 \times 10^{26}\ m$ と計算される。一方、12 章で宇宙の生成時間を 137 億年とした宇宙の 1 次元のサイズ(L_e)が、 $L_e = 4.31744 \times 10^{25}\ m$ と計算された。[7] 上記の $r(max)$ の値は、3 次元方向の宇宙に相当する、$3L_e = 1.29523 \times 10^{26}\ m$ とよく一致する。したがって、(17-26)、(17-27)式を用いて、宇宙構造とエネルギーの関係を考察することは可能であろう。

(17-10)、(17-25)式を積分することで、空間のひずみ(ε)—空間の距離 (r)—時間 (t) の関係が(17-29)式で与えられる。ε_s, r_s はそれぞれ、$t \to 0$ での空間のひずみと距離である。

$$\int_{\varepsilon_s}^{\varepsilon} d\varepsilon = \varepsilon - \varepsilon_s = \int_{r_s}^{r} \frac{dr}{r} = \ln\left(\frac{r}{r_s}\right) = \int_0^t Bexp\left(-\frac{2ct}{r}\right) dt$$

$$= \frac{Br}{2c}\left[1 - exp\left(-\frac{2ct}{r}\right)\right] \qquad (17\text{-}29)$$

$$= \frac{v}{2c}\left[1 - exp\left(-\frac{2ct}{r}\right)\right] \quad (v = Br)$$

(17-29)式を整理すると、(17-30)式が得られる。

$$\frac{2c}{v}\ln\left(\frac{r}{r_s}\right) + exp\left(-\frac{2ct}{r}\right) = 1 \qquad (17\text{-}30)$$

(17-30)式の左辺の第 1 項の増加は、第 2 項の減少を引き起こすことがわかる。

$t \to 0$で $exp(-2ct/r) \to 1$ であり、$r \to r_s$ を意味する。 また、(17-29)式で、$v\,(= Br) \to 0$ のとき、$r \to r_s$ となることがわかる。r_s は宇宙誕生時に与えられた空間のサイズで、そこでの空間の膨張速度 $v\,(= Br)$は 0 であることになる。

一方、積分定数 B がハッブル定数に等しい時、前述したように、$r(max) = c/H = 3L_e = ct(max)$， $t(max) = 4.32339 \times 10^{17}\, s =$ 137 億年、$v(max) = Hr(max) = c,$ の関係が成立する。したがって、$r(max)$と r_s の比は(17-31)式で示される。

$$\ln\left(\frac{r(max)}{r_s}\right) = \frac{c}{2c}\left[1 - exp\left(-\frac{2ct(max)}{ct(max)}\right)\right] = \frac{1}{2}\left(1 - \frac{1}{e^2}\right)$$

$$= 0.43233 \to \frac{r(max)}{r_s} = 1.54084 \qquad (17\text{-}31)$$

$r(max) = c/H = 1.32151 \times 10^{26}\, m$ であり、(17-31)式より、$r_s = 0.64899\, r(max)$

$= 8.57657 \times 10^{25}\ m$ と計算される。 $t \to 0$ において、B = H が成立する条件下での r_s は大きな値である。

一方、前述のように、(17-29)式で $v \to 0\ (r \to 0)$ のとき、$r \to r_s$となる。すなわち、 $t \to 0$ で異なる 2 つの値のr_s が示唆されることから、r_s は $t \to 0$ で 0 に近いサイズから、B = H の条件下で計算される約$10^{26}\ m$ の大きさまで著しく成長することになる。12 章で原子中の電子の軌道サイズと限界半径で宇宙の生成と成長を考察した。これらの値で計算される宇宙のサイズは、誕生後、約10^{41}倍に著しく成長することが示された。この計算結果と $t \to 0$での宇宙のサイズのジャンプは、大きく関連している。誕生後の宇宙の膨張は、 $t \to 0$ で最も大きいことになる。

$t \to 0$ において、ハッブル定数で決定される空間のサイズを $r_s(H)(= constant)$、$v \to 0$ から決定される空間のサイズを $r_s\,(v \to 0\,)(= constant)$ とする。両方のr_s の関係は、(17-29)式より(17-32)式で表される。

$$\frac{2c}{v} = \frac{1 - exp\left(-\frac{2ct}{r_s(H)}\right)}{\ln\left(\frac{r_s(H)}{r_s(v \to 0)}\right)} \tag{17-32}$$

v は$r_s(v \to 0) \to r_s(H)$への空間の膨張速度である。 $t \to 0$で (17-32)式の右辺の分子は 0 に収束し、$2c/v$ 比は 0 に近づく。すなわち、$v \gg c$ を意味する。光速度以上の速度で、$r_s(v \to 0) \to r_s(H)$ へ 空間が膨張したことを示唆している。空間距離の変化は、前述の宇宙のポテンシャルエネルギー、運動エネルギーの変化と併せて考えると、理解しやすくなる。 $t \to 0$で、0 に近い$r_s(v \to 0)$値 の宇宙が有するポテンシャルエネルギーが、大きな$r_s(H)$ 値の宇宙が有する運動エネルギーへ変化する。その後、その運動エネルギーは時間とともに再び、ポテンシャルエネルギーへ変化する。

(17-26)、(17-24)式の関係を(17-13)式へ代入すると、中心粒子による距離 rにおける エネルギー密度 E_v が(17-33)式で与えられる。v は空間の膨張速度である。

$$E_v = \left(\frac{3c^2}{4\pi G}\right)\frac{v}{r^2}\,exp\left(-\frac{2ct}{r}\right)\left[2c - v\,exp\left(-\frac{2ct}{r}\right)\right] \qquad (17\text{-}33)$$

時間を一定としたときの $E_v - r$ の関係は、水素原子中の $\mathrm{n} = 1$ の電子の波動関数の 2 乗（存在確率）に相当することになる。電子（静止質量）の存在は、相対性理論では、エネルギーの分布を示している。(17-33)式において、$v \to 0,\ r \to \infty,\ r \to 0$ で $E_v \to 0$ となり、中心粒子の 影響が消失する。また、E_vの極大値を与える r は $dE_v/dr = 0$ の式を解くことで与えられる。(17-34)式にこの rを示す。

$$r = \frac{2ct\,(v - c)}{v - 2c} \qquad (17\text{-}34)$$

$v \to c$ のとき、$r \to 0$となり、宇宙中心でエネルギー密度は最大となる。また、$v \to 2c$ のとき、$r \to \infty$となる。$r \to \infty$ で $E_v \to 0$ であり、宇宙には質量等のエネルギーは存在しないことになる。これらの内容は、以下の考察により明確になる。

$t \to 0$ では、E_v は (17-35)式で与えられる。

$$E_v = \left(\frac{3c^2}{4\pi G}\right)\frac{v}{r^2}\,(2c - v) \qquad (17\text{-}35)$$

$r_s(H)$ は $8.57657 \times 10^{25}\,m$ であり、宇宙誕生後の膨張速度（円の半径方向の速度）は、追加説明の解析より、光速度に等しい。したがって、$r_s(H)$ での E_vは(17-36)式の小さな値である。

$$E_v\left(r_s(H)\right) = \frac{3c^4}{4\pi G r_s(H)^2} = 3.92790 \times 10^{-9} \ \ J/m^3 \qquad (17\text{-}36)$$

一方、$r_s(v \to 0)$ の値は、追加説明に示すが、$3.86159 \times 10^{-13}\, m$ であり、粒子の質量は$5.19998 \times 10^{14}\ \ kg$である。この小さな宇宙のエネルギー密度は、$E_v = m_1 c^2/(4/3)\,\pi r^3 = 1.93756 \times 10^{68}\ \ J/m^3$ と計算される。この大きな値は、(17-36)式の $r_s(H)$ を $r_s(v \to 0)$ に変更した値と一致する。$r_s(v \to 0)$粒子の膨張速度も光速度に等しいことになる。この小さな粒子（宇宙）が $r_s(H)$ へ $v = 2c$ で膨張するとき、(17-35)式において $E_v \to 0$ となる。すなわち、この膨張速度では、$r_s(H)$ サイズの宇宙は生成しないことを意味する。

$v > 2c$ では、$E_v < 0$ となる。負のエネルギーは原子中の電子のエネルギーに相当し、宇宙内部に貯蔵されているエネルギーと理解される。v 値が確定されると、宇宙深部に貯蔵されているエネルギー密度を求めることができる。(17-35)式は変形すると、(17-37)式を与える。

$$\begin{aligned} v^2 - 2cv + \frac{4\pi G E_v r^2}{3c^2} &= v^2 - 2cv + K = 0 \\ K \equiv \frac{4\pi G}{3c^2}\left(\frac{m_1 c^2 r^2}{(4/3)\pi r^3}\right) &= \frac{G m_1}{r} \end{aligned} \qquad (17\text{-}37)$$

$m_1 = 5.19998 \times 10^{14}\ \ kg$ ， $r_s(v \to 0) = 3.86159 \times 10^{-13}\, m$ の値を K に代入すると、$K = 8.98755 \times 10^{16}\ \ (m/s)^2 = c^2$（光速度の 2 乗）となる。$G m_1/r$ は、$r_s(v \to 0)$粒子の中心から r 離れた位置にある粒子の回転速度の 2 乗を表す。

$r_s(v \to 0)$のサイズを(17-37)式に代入してKが光速度の2乗に等しくなることは、$r_s(v \to 0)$粒子の表面が光速度で回転していることを示している。したがって、(17-37)式を満たす膨張速度v　は、$v = c + \sqrt{c^2 - K} = c + \sqrt{2c^2} = 2.41421\,c\ \ (K < 0)$　となる。すなわち、$r_s(v \to 0)$　の小さな粒子は、光速度より大きな速度で $r_s(H)$ の大きな粒子へ膨張することになる。

このv/cである $v/c = 2.41421$ 比は、16-1節の量子力学に支配される調和振動粒子のn＝0での $m/m_0 = 2.41421$　比と一致する。光速度で膨張する$r_s(v \to 0)$ 粒子が静止質量m_0 に対応し、$r_s(H)$ 粒子へ速度vで変化する粒子が動的質量m に相当する。$m_0 \to m$ へ の質量増加が起きた時に、宇宙が誕生する。m のサイズは(17-37)式の$K = c^2$ の関係を利用して、$r = 9.32270 \times 10^{-13}\,m$ と計算される。動的質量m の$r_s(v \to 0)$ 粒子から $r_s(H)$ 粒子への変化は、質量が $m = 2.41421\,m_0 = 1.25538 \times 10^{15}\,kg$ から $m = 1.15491 \times 10^{53}\,kg$ へ増加することで起こる。$r_s(H)$ 粒子の質量 $m = 1.15491 \times 10^{53}\,kg$ は、(17-37)式において、$K = c^2$, $r_s(H) = 8.57657 \times 10^{25}\,m$ の代入から求められ、中心粒子の質量m_1は軌道サイズr に比例する。追加説明で解析したが、中心粒子の質量変化を伴わず、それを周る粒子の軌道サイズが増加すると、回転速度は減少する。$r_s(v \to 0)$ 粒子と $r_s(H)$ 粒子で同一の回転速度（光速度）を維持するためには、回転粒子の軌道増大に伴い、中心粒子の質量が増加する必要がある。

相対性理論での質量、時間、長さは光速度以下の粒子を対象とし、速度が光速度に達すると移動体上での測定時間は0となる。質量m の $r_s(v \to 0)$ 粒子から $r_s(H)$ 粒子への膨張速度、$v = 2.41421\,c$　はこの範囲を超えている。すなわち、

$v > c$ では $t \to 0$ となり、$t \to 0$ で瞬時に $r_s(v \to 0)$ 粒子の質量が増加し、$r_s(H)$ の大きな軌道が生成する。質量 m の $r_s(v \to 0)$ 粒子のエネルギー密度は、(17-35) 式に $v = 2.41421\,c,\ r = 9.32270 \times 10^{-13}\,m$ の値を代入し、$E_v = 3.32433 \times 10^{67}\ J/m^3$ と計算される。そして、質量 $1.25538 \times 10^{15}\,kg$ とサイズ $r = 9.32270 \times 10^{-13}\,m$ から計算されるエネルギー密度、$E_v = mc^2/(4\pi/3)\,r^3 = 3.32433 \times 10^{67}\ J/m^3$ と一致する。このエネルギー密度は、$t \to 0$ での膨張に伴い $r_s(H)$ 粒子のエネルギー密度、$E_v = 3.92790 \times 10^{-9}\ J/m^3$ へ減少する。$r_s(H)$ 粒子が生成した後の成長プロセスは、追加説明で論じている。宇宙の誕生、成長をもたらす質量増加は、宇宙深部から絶え間なく供給されるエネルギーが変化したものである。

第 18 章　物理法則の構成因子

Fig. 20 にこれまで考察した物理法則の 4 つの構成因子、m（質量）－L（長さ）－Z（電荷数）－v（速度）、の関係を示す。

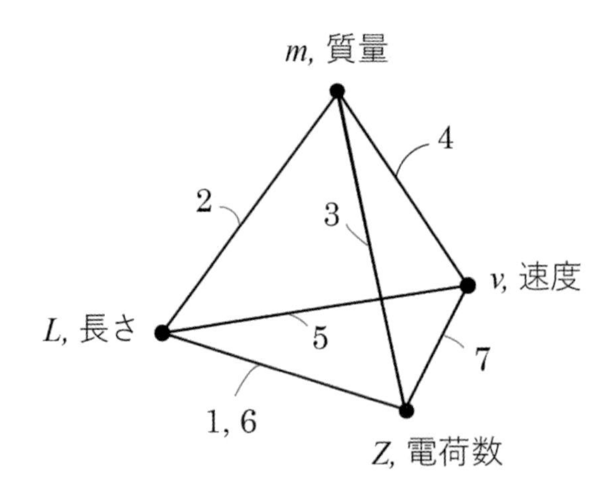

Fig.20 物理法則を構成する因子の関係
1～7の法則の説明は本文中に示されている

図中の番号はそれらの因子を用いた法則を示し、以下に説明する。L と Z を用いて表される法則 1 は (18-1) 式の静電引力で、すでに (2-9)、(8-6)、(10-1)、(10-2)、(15-7)、(17-1) 式で考察を行った。

$$F = \frac{Z_1 Z_2 e^2}{4\pi\varepsilon_0 r^2} = m_2\left(G_g Z\frac{m_1}{r^2}\right) = m_2 g = m_2\frac{v^2}{r} \quad (Z_2 = 1,\ Z_1 = Z) \qquad (18\text{-}1)$$

法則 1 の静電引力は、原子系から宇宙系までの 2 粒子間（質量 m_1、m_2）に作用する重力（法則 2）に変換でき、m と距離 r を用いた形で(18-1)式に示されている。G_g は原子系の引力定数である$\left(G_g = 1.51417\times10^{29}(m/s)^2(m/kg)\right)$。中心粒子（質量 m_1）の原子価 (Z) が、回転粒子（質量 m_2）の引力に大きく影響する。万有引力定数基準の m-Z 間の質量―電荷変換式は、回転粒子（m_2）と中心粒子

（m_1）についてそれぞれ、(18-2)と(18-3)式で示され、(10-5)、(10-6)式で考察を行った。

$$\frac{Z_2}{m_2}=\frac{1}{m_e}=1.09776\times10^{30}\quad(1/\mathrm{kg}) \tag{18-2}$$

$$\frac{Z_1}{m_1}=\frac{Z_0}{m_p}=2.63531\times10^{-13}\quad(1/\mathrm{kg})\ (Z_0=4.40788\times10^{-40}) \tag{18-3}$$

m_e と m_p 　はそれぞれ、電子と陽子の質量を示す。Z_0は万有引力定数相当 J 粒子の原子価である。法則 4、5 は特殊相対性理論を示し、(18-4)、(18-5)式にそれぞれ、m と L について速度との関係を示す。

$$m=\frac{m_0}{\sqrt{1-\left(\frac{v}{c}\right)^2}} \tag{18-4}$$

$$L=L_0\sqrt{1-\left(\frac{v}{c}\right)^2} \tag{18-5}$$

m と L は速度 v の移動体上での質量と長さで、m_0 と L_0 は v = 0 の静止状態の質量と長さを示す。これらの関係は、(16-2)と(16-11)式で考察を行った。

法則 6 は、粒子の質量が原子レベルまで小さくなった場合に適用される量子力学における L-Z の関係で、(18-6)式で示される。

$$r=a_0\frac{n^2}{Z}\quad(a_0=5.29177\times10^{-11}\,m) \tag{18-6}$$

a_0 はボーア半径、Z は中心粒子の原子価、n は回転粒子の主量子数を示す。(5-2)、(8-8)、(15-1)式で考察を行った。(18-6)式に対応する 2 粒子間の相互作用の全エネルギーは(18-7)式で示され、(1-16)、(5-1)式で説明した。

$$E(\text{total}) = -\frac{1}{2}m\left(\frac{Zv_0}{2n}\right)^2 \tag{18-7}$$

v_0 は質量 m の回転粒子の基準速度、$e^2/\varepsilon_0 h$ に等しく、$4.37538 \times 10^6\ m/s$ の値である。すなわち、m-L-Z の面に含まれる法則 1、2、3、6 は、回転粒子の速度 (v) と光速度 (c) について、$c \gg v$ の条件下で成り立つ法則（静電引力、重力、質量―電荷変換、量子力学）である。これらの法則は、回転粒子の質量に静止質量を用いても十分、高い精度で成立する。

一方、法則 4 (m-v の関係)、5 (L-v の関係)は特殊相対性理論と関係し、光速度に近い速度での粒子の性質を表すことができる。これらの内容は、16 章、17 章で説明した。ここでは、図中の Z-v の関係を考察する。m-v の関係は(18-4)式で示され、静止質量 m_2 と Z_2 の関係は、(18-2)式に示されている。この m_2（$=Z_2 m_e$）を(18-4)式の m_0 へ代入すると、(18-8)式が得られる。

$$m\sqrt{1-\left(\frac{v}{c}\right)^2} = m_0 = Z_2 m_e \tag{18-8}$$

$v=0$ のとき、m（動的質量）$=m_0$（静止質量）$=Z_2 m_e$ となる。一方、$v=c$ のとき、(18-8)式は $0 = m_0 = Z_2 m_e$ となる。すなわち、粒子の静止質量 (m_0)及び電子の静止質量 (m_e) が 0 となり、光波へ変化することを意味する。電子の電荷は質量に付随しているため、質量の消失にともない、同時に消失することになる。$Z_2 = 1$ のとき、$v = c$ で中心粒子(陽子)は電子の電荷で中和されて水素原子となり、その周りを光速の電子質量光子が回転することになる。この構造については、7 章と 16-2 節で考察した。電子から光子への変化に伴い、中心粒子との距離は短くなり、光子の運動エネルギー（全エネルギー）は著しく大きくなる。7 章表 4

にそれらの計算値が示されている。

あとがき（前編）

宇宙の創生と成長を物理化学的に理解するために、原点に立ち戻り、物理世界で重要な 4 つの力について考えてみた。なかなか一般の大学教科書には、それらの相関関係は詳しくは書かれていない。思考は楽しかった。何とかそれらの 4 つの力の関係を理解できたように思われる。さらに、水素とヘリウム原子についてのシュレーディンガー方程式の解（1 電子系）を深く考察することで、ニュートン力学の重力の世界とミクロな原子系での静電場の世界を量子力学により結びつけることができたように思う。すなわち、物質の質量と電荷の変換式を誘導できた。その結果、宇宙の創生並びに太陽系惑星の構造についての理解が深まった。途中、何度も計算で確認した。本書の内容は正しいと信じている。実験科学者による評価がなされると、この分野の研究がより深化すると期待している。最後に、手書きの原稿をコンピューターで入力して頂いた下之薗太郎博士に謝意を表する。

2022 年 11 月 29 日　　　平田　好洋

あとがき（後編）

後編を執筆したことで、ニュートン力学―量子力学―相対性理論の関係が、理解しやすくなった。そして、それらの関係から、宇宙の始まりやサイズに関して考察することが可能となった。後編の内容は、前編で解析した宇宙のサイズと一致することもわかった。興味深いことである。18 章にまとめたように、粒子の速度により支配される物理法則が分類される。今後、原子や宇宙で観測される事象と本書で解析した物理法則が比較される。本書が物理化学の発展に少しでも寄与できれば、本望である。

2023 年 12 月 4 日　　　平田　好洋

文献

(1) Y. Hirata, Thermal Conduction Model of Metal and Ceramics, Ceram. Inter., 35, 3259-3268 (2009).

(2) C. Kittel, Introduction to Solid State Physics, Sixth edition, John Wiley & Sons, Inc., New York, 1986, pp. 159-163.

(3) D. A. McQuarrie, Quantum Chemistry, University Science Books, Mill Valley, California, 1983, pp. 153-194.

(4) W. J. Moore, Physical Chemistry, 3rd edition, Prentice-Hall, Inc., Englewood Cliffs, N. J., 1962, 藤代亮一、今村　昌、川口信一、中塚和夫訳，新物理化学（下），東京化学同人，東京，1964、pp. 485-548.

(5) 文献(3)の pp. 77-102.

(6) F. J. Bueche, Theory and Problems of College Physics, Seventh edition, McGraw-Hill Book Inc., New York, 1979, pp. 288-296.

(7) 平田好洋、エネルギーから見た宇宙のしくみ、南方新社、鹿児島、2022.

(8) 文献(3)の pp. 195-254.

(9) 文献(3)の pp. 3-45.

(10) J. D. Lee, A New Concise Inorganic Chemistry, Third edition, Van Nostrand Reinhold Co., Ltd., Berkshire, 1977, 浜口博、菅野等訳、リー無機化学、東京化学同人、東京、1982、pp. 469-482.

(11) 文献(4)の pp. 825-862.

(12) 文献(4)の pp. 651-680.

(13) 文献(3)の pp.287-341.

2023年3月出版の前編　正誤表

1. 8ページ(1-6) 式
（誤）$(2\mu/h^2)$ （正）$(8\mu\pi^2/h^2)$

2. 11ページ(1-13) 式
（誤）(c/L) （正）$(c/L)^2$

3. 19ページ (3-3) 式の上、2行目
（誤）遠心力 （正）遠心力の加速度

4. 53ページ下から9行目
$r = 10^3 - 10^{30}\ m$ の前に「n=1」を記入する。

5. 76ページ
金星:（誤）$Z_1 = 1.73072 \times 10^{12}$（正）$Z_1 = 1.73072 \times 10^{13}$

6. 76ページ
火星:（誤）$Z_1 = 3.90157 \times 10^{12}$（正）$Z_1 = 3.90115 \times 10^{12}$

7. 78ページ下から8行目
（誤）$m(\bar{v}) = -1.18796 \times 10^{-33}\ kg$ （正）$m(\bar{v}) = -1.18762 \times 10^{-33}\ kg$

8. 79ページ下から4行目
ΔHの差:（誤）$9.109376 \times 10^{-31}\ kg$ （正）$9.109383 \times 10^{-31}\ kg$

9. 82ページ文献4
訳者に次の3名を追加する。今村　昌、川口信一、中塚和夫

2023年3月出版の前編　追加説明

1. 56ページ

火星の距離と速度の値は次の通りである。

火星：2.27899×10^8 km, 24.12897 km/s (2.279×10^8 km, 24.08 km/s)

2. 76ページのエネルギー流束の比

地球へのエネルギー流束を1とした時の他惑星のエネルギー流束は、2023年理科年表（国立天文台編、丸善出版）に示されている値と一致している。

3．79-80 ページ

反応式の正確性を高めるには、(14-6)、(14-7)、(14-8) 式に反応熱 ΔH を加える。

$$n \longrightarrow J(Z) + Ze^- + \bar{\nu} + \Delta H_2 + \Delta H_3 \tag{14-6}$$

ΔH_3 は陽電子と電子の反応で発生するエネルギーで、電子 2 個の質量に相当する(1.82187 × 10^{-30} kg)。

$$\bar{n} \longrightarrow \bar{J}(Z) + Ze^+ + \nu + \Delta H_2 + \Delta H_3 \tag{14-7}$$

$$\begin{aligned} E &= 2hf(neutron) = n + \bar{n} \\ &= J(Z) + Ze^- + \bar{J}(Z) + Ze^+ + 2\Delta H_2 + 2\Delta H_3 + \Delta H_4 \end{aligned} \tag{14-8}$$

ΔH_4 は反中性微子と中性微子の反応で発生するエネルギーで、反中性微子 2 個の質量に相当する (-2.37525 × 10^{-33} kg)。

2024 年出版の後編　追加説明

17-3 節、(17-29)式を用いて計算した宇宙のサイズ (r)、生成時間 (t) 及び宇宙端の膨張速度 ($v = Br = Hr$)の関係を以下に示す。積分定数 B がハッブル定数 $H = 2.26854 \times 10^{-18}\ 1/s$ に等しく、誕生後、$t \to 0$で急激に膨張した宇宙のサイズ $r_s(H)$ は $8.57657 \times 10^{25}\ m$ であるとして、計算された。

$t = 0$ 億年、　$r = 8.57657 \times 10^{25}\ m$、 $v = 1.94563 \times 10^{8}\ m/s$

$t = 7.25809$ 億年、$r = 9.00 \times 10^{25}\ m$、 $v = 2.04169 \times 10^{8}\ m/s$

$t = 27.51413$ 億年、$r = 1.00 \times 10^{26}\ m$、 $v = 2.26854 \times 10^{8}\ m/s$

$t = 52.97194$ 億年、$r = 1.10 \times 10^{26}\ m$、 $v = 2.49539 \times 10^{8}\ m/s$

$t = 85.37525$ 億年、$r = 1.20 \times 10^{26}\ m$、 $v = 2.72225 \times 10^{8}\ m/s$

$t = 129.35507$ 億年、$r = 1.30 \times 10^{26}\ m$、 $v = 2.94910 \times 10^{8}\ m/s$

$t = 133.50307$ 億年、$r = 1.31 \times 10^{26}\ m$、 $v = 2.97179 \times 10^{8}\ m/s$

$t = 138.85339$ 億年、$r = 1.32 \times 10^{26}\ m$、 $v = 2.99447 \times 10^{8}\ m/s$

$t = 139.68462$ 億年、$r = 1.32151 \times 10^{26}\ m$、 $v = 2.99792 \times 10^{8}\ m/s$

$t = 191.75925$ 億年、$r = 1.40 \times 10^{26}\ m$、 $v = 3.17596 \times 10^{8}\ m/s$

$t = 332.93171$ 億年、$r = 1.50 \times 10^{26}\ m$、 $v = 3.40281 \times 10^{8}\ m/s$

$t = 426.76998$ 億年、$r = 1.52 \times 10^{26}\ m$、 $v = 3.44818 \times 10^{8}\ m/s$

$t = 740.64804$ 億年、$r = 1.53 \times 10^{26}\ m$、 $v = 3.47087 \times 10^{8}\ m/s$

宇宙端の膨張速度は、17-3 節で予想されたように、光速度($v = 2.99792 \times 10^{8}\ m/s$)に近いことがわかる。$v = Br = Hr = c$ （光速度）が成立するとき、H は r の関数となり、過去における H は現在の値 (70 $km/s/Mpc$)より大きく、未来の H は現在の値より小さくなる。t = 0 億年での H は $H_1 r_1 = H_2 r_2 = c$ ($H_1 = 70\ km/s/Mpc$,$r_1 = 1.32151 \times 10^{26}\ m$, $r_2 = 8.57657 \times 10^{25}\ m$) より 、$H_2 = 107.85930\ km/s/Mpc$ と計算される。一方、宇宙の生成時間 (137 億年、1 year = 365.25 day = $3.15576 \times 10^{7}\ s$) から求めた $r\ (= ct = 1.29612 \times 10^{26}\ m)$ と光速度から計算される現宇宙のハッブル定数は、71.37170 $km/s/Mpc$であり、2023 理科年表記載の報告値、70 $km/s/Mpc$と良く一致する。前述の r には限界値が存在し、約 $r = 1.53 \times 10^{26}\ m$ の値である。生成時間が 200 億年を超すと、r は徐々にこの限界値に接近する。$t = 740.64804$ 億年 ($2.33730 \times 10^{18}\ s$)、$r = 1.53 \times 10^{26}\ m$ の値を(17-26)、(17-27)式に代入すると、$K/E = 1.21805 \times 10^{-4}$, $U/E = 0.999878$ となり、ポテンシャルエネルギーが支配的な宇宙が形成される。この宇宙は、17-3 節で説明したように、運動エネルギーに富む大きなサイズの宇宙へ再度、変化する可能性がある。その場合、膨張する宇宙のサイズの限界は、8 章、12 章で考察した万有引力定数相当 J 粒子のサイズ (n = 1)、$1.20052 \times 10^{29}\ m$ と考えられる。

$r_s(H) = 1.53 \times 10^{26}\ m$ と現宇宙のハッブル定数 (70 $km/s/Mpc$) を用いて、(17-29)式で再度、$r = 1.20052 \times 10^{29}\ m$まで膨張するプロセスを解析した。以下に計算結果を示す。

$t = 0$ 億年、　　　　$r = 1.53 \times 10^{26}\, m$

$t = 259.86249$　億年、$r = 5.00 \times 10^{26}\, m$

$t = 362.30821$　億年、$r = 1.00 \times 10^{27}\, m$

$t = 538.34090$　億年、$r = 5.00 \times 10^{27}\, m$

$t = 618.71126$　億年、$r = 1.00 \times 10^{28}\, m$

$t = 821.31421$　億年、$r = 5.00 \times 10^{28}\, m$

$t = 913.35078$　億年、$r = 1.00 \times 10^{29}\, m$

$t = 937.93042$　億年、$r = 1.20052 \times 10^{29}\, m$

$r = 1.20052 \times 10^{29}\, m$ へ膨張するのに、937.93042 億年を要する。ただし、この膨張速度は、$v = Hr = 3.47087 \times 10^{8}\ m/s = 1.15775\, c$ であり、光速度を上回っている。この条件下で、宇宙の質量は後述のサイズ—質量の変換式を利用して、$r = 1.53 \times 10^{26}\, m$ の $m = 2.06028 \times 10^{53}\, kg$ から$r = 1.20052 \times 10^{29}\, m$の$m = 1.61661 \times 10^{56}\, kg$ へ増加する。

粒子間距離が量子力学に支配されるとき、12 章の考察より$t \to 0$ の $r_s(v \to 0)$は、 $Z = 137.035999$ の $3.86159 \times 10^{-13}\, m$ となる。この粒子では、主量子数 n = 1 の軌道上($r = 3.86159 \times 10^{-13}\, m$)を回転する電子の速度は光速度であり、中心粒子の質量は(17-9)式より、 $m_1 = 5.19998 \times 10^{14}\, kg$と計算される。この値に対する万有引力定数相当($Z_0 = 4.40788 \times 10^{-40}$)の中心粒子の質量、$m_1 = 1.61661 \times 10^{56}\, kg$ の比は、3.10888×10^{41}と計算される。12 章で考察した空間サイズの膨張比と一致する。また、$r_s(v \to 0)$粒子の主量子数 n = 1 の軌道上($r = 3.86159 \times 10^{-13}\, m$)を回転する電子に対する加速度は、$g = Gm_1/r^2 = c^2/r = 2.32742 \times 10^{29}\ m/s^2$ と大きな値である。この大きな加速度が、宇宙誕生時の急膨張を引き起こす。

質量$m_1\, kg$ の中心粒子の周りを光速度で回転する質量$m_2\, kg$ の粒子の半径(r) は、量子力学に支配される(15-1)式と相対性理論と量子力学の両方に支配される(17-9)式より、$r/m_1 = G/c^2 = 7.42616 \times 10^{-28}\ m/kg$で与えられる。この式は、9 章(9-1)式の限界半径と 10 章(10-6)式の電荷―質量変換式からも誘導できる。すなわち、m_1は動的質量であり、m_1の増加はr の増加を伴うことになる。Z_0の陽子質量 J 粒子$(m_1 = 1.67262 \times 10^{-27}\ kg)$ の周りを回る主量子数$n = 1$の電子の速度は、 $9.64309 \times 10^{-34}\ m/s$ である (8 章)。その質量が$m_1 = 1.61661 \times 10^{56}\ kg$ まで大きくなると、電子は光速度で回転し、回転半径は前述の式より$r = 1.20052 \times 10^{29}\ m$と計算される。この値は、J 粒子宇宙のサイズに等しい (8 章)。すなわち、質量 $1.61661 \times 10^{56}\ kg$ の宇宙中心の周りを、質量 $m_2\ kg$ の粒子が主量子数$n = 1$ の軌道上を光速度で回転していることになる。

一方、t＝740 億年、$r_c = 1.53 \times 10^{26}\ m$ の円周上を光速度で回転している粒子の半径が、r へ膨張した場合、粒子の速度は $v = \sqrt{rg} = \sqrt{Gm_1/r}$ で与えられる。r は変化するが、中心粒子の質量は変化しないとき、$m_1 = r_c(c^2/G)$の関係を利用すると、$v = c\sqrt{r_c/r}$ となる。$r = 1.20052 \times 10^{29}\ m$ を代入すると、$v = 1.07023 \times 10^7\ m/s$ と計算される。光速度より、回転速度は低下することになる。r_c の中心粒子の質量は、$m_1 = 2.06028 \times 10^{53}\ kg$ である。この質量が $m_1 = 1.61661 \times 10^{56}\ kg$ へ増加すると、$r = 1.20052 \times 10^{29}\ m$ の軌道上の粒子は光速度を維持することになる。

(17-29)、(17-30)式の物質を含む宇宙の膨張速度の最大値は、光速度$(v = c)$に等しい。$v = Br = Hr$ の条件下の膨張速度も、光速度に近い値である。$v = c = Hr$ の関係より求めた $t - r - H$ の値を以下に示す。$t \to 0$で急激に膨張した宇宙のサイズ$r_s(H)$ は$8.57657 \times 10^{25}\ m$ として、計算された。

$t = 0$ 億年、 $r = 8.57657 \times 10^{25}\ m$、$H = 107.85930\ km/s/Mpc$
$t = 4.82057$ 億年、$r = 9.000 \times 10^{25}\ m$、$H = 102.78477\ km/s/Mpc$
$t = 19.38920$ 億年、$r = 1.000 \times 10^{26}\ m$、$H = 92.50629\ km/s/Mpc$
$t = 40.03189$ 億年、$r = 1.100 \times 10^{26}\ m$、$H = 84.09663\ km/s/Mpc$
$t = 70.64765$ 億年、$r = 1.200 \times 10^{26}\ m$、$H = 77.08787\ km/s/Mpc$
$t = 122.48609$ 億年、$r = 1.300 \times 10^{26}\ m$、$H = 71.15869\ km/s/Mpc$

$t = 134.09402$ 億年、$r = 1.315 \times 10^{26}\ m$、$H = 70.34699\ km/s/Mpc$

$t = 138.34871$ 億年、$r = 1.320 \times 10^{26}\ m$、$H = 70.08052\ km/s/Mpc$

$t = 169.70047$ 億年、$r = 1.350 \times 10^{26}$ m、$H = 68.52318\ km/s/Mpc$

$t = 289.62189$ 億年、$r = 1.400 \times 10^{26}\ m$、$H = 66.07592\ km/s/Mpc$

$t = 384.81261$ 億年、$r = 1.410 \times 10^{26}\ m$、$H = 65.60730\ km/s/Mpc$

上記の計算結果は、$v = Br = Hr$ に対する r−t の関係と非常に類似している。ハッブル定数は、宇宙の生成時間に伴い小さくなる。r の限界値は、約 $r = 1.410 \times 10^{26}\ m$ である。現宇宙の生成時間 t = 137 億年におけるサイズの最大値 $r(max)$は、$r(max) = ct(max) = 1.29612 \times 10^{26}\ m$ である。$r(max)$上の粒子の回転速度は、$v = \sqrt{rg} = \sqrt{Gm_1/r}$ で与えられる。宇宙では、量子力学と相対性理論から前述の一般化された、$v^2 = Gm_1/r = c^2$ $(r/m_1 = G/c^2 = 7.42616 \times 10^{-28}\ m/kg)$ の関係が誘導される。t = 137 億年の $r(max)$に対する中心粒子の質量は、$r/m_1 = G/c^2$ 式より $m_1 = 1.74534 \times 10^{53}\ kg$ と計算される。別途、$r(max) = 1.29612 \times 10^{26}\ m$、$G = 6.6743 \times 10^{-11} (m/s)^2 (m/kg)$、及び $m_1 = 1.74534 \times 10^{53}\ kg$ を $v = \sqrt{rg} = \sqrt{Gm_1/r}$ に代入すると、$v = 2.99792 \times 10^8\ m/s = c$ となり、光速度で回転することになる。$Z = 137.035999$ の出発粒子と同じ性質を有することになる。すなわち、$r(max)$上の粒子は円の膨張に対応する半径方向と円周方向の両方において、光速度で移動していることになる。$r(max)$上の回転粒子に作用する半径方向の加速度は、$g = c^2/r(max) = 6.93419 \times 10^{-10}\ m/s^2$と小さな値である。$t \to 0$ で急膨張した宇宙のサイズ、$r_s(H)$に対する g は同様に、$1.04791 \times 10^{-9}\ m/s^2$と計算される。一方、現宇宙のエネルギー密度は、(17-35)式より、$v = c,\ r(max) = ct(max), t(max) = 137$ 億年の条件下、$E_v = 4.34020 \times 10^{-10}\ J/m^3$ と計算される。

また、$v = c,\ r(max) = ct(max)$のとき、(17-26)、(17-27)式は、$K/E = 0.13533$, $U/E = 0.86466$ と計算される。これらの値は、多電子系原子の構造に対するエネルギー比に相当する。多電子に相当する宇宙物質の静止質量(m_2)は、

$U/E = m_2/m_1 = 0.86466$ より、$m_2 = 0.86466\, m_1 = 1.50913 \times 10^{53}\, kg$ と計算される。この多電子系宇宙構造の運動エネルギー、K は、時間とともにポテンシャルエネルギー、U に変換される（11 章 11-5 式参照)。$v = c$ 及び $t = 384.81261$ 億年 $(1.21437 \times 10^{18}\, s)$での限界半径 $r_c = 1.41 \times 10^{26}\, m$ の値を(17-26)、(17-27)式に代入すると、$K/E = 5.72037 \times 10^{-3}$, $U/E = 0.99427$ と計算される。ポテンシャルエネルギーに富む宇宙へ変化する。その後、$r = 1.20052 \times 10^{29}\, m$ の軌道の宇宙へ膨張すると考えられる。

膨張に伴い中心粒子の質量が変化しないとき、$r = 1.20052 \times 10^{29}\, m$ の軌道上の粒子の速度は、$v = c\sqrt{r_c/r}$ =1.02741 × $10^7\, m/s$ となる ($r_c = 1.41 \times 10^{26}\, m$)。ハッブル定数を用いて計算した速度、$v = 1.07023 \times 10^7\ m/s$ とほとんど変わらない。すなわち、光速度の 3.4 % の速度で、$n = 1$ の軌道上を回転することになる。太陽系や原子系での中心粒子と回転粒子の関係と同等である。中心粒子の質量変化がないことは、全エネルギー一定の法則と合致する。一方、膨張に伴い中心粒子の質量が$m_1 = 1.61661 \times 10^{56}\, kg$ へ増加すると、回転粒子の速度は光速度を保つことになる。

宇宙サイズが $r_c = 1.410 \times 10^{26}\, m$ に達した後、宇宙のサイズと時間の関係を考察するために、$v = Br = Hr = c$ 及び $r_s = r_c = 1.410 \times 10^{26}\, m$ の条件を(17-29)式に代入し、r と t の値を計算した。以下に計算値を示す。

$t = 0$ 億年、 $r = 1.410 \times 10^{26}\, m$
$t = 10.47261$ 億年、$r = 1.500 \times 10^{26}\, m$
$t = 24.64584$ 億年、$r = 1.600 \times 10^{26}\, m$
$t = 42.09493$ 億年、$r = 1.700 \times 10^{26}\, m$
$t = 63.75620$ 億年、$r = 1.800 \times 10^{26}\, m$
$t = 91.14165$ 億年、$r = 1.900 \times 10^{26}\, m$
$t = 126.94685$ 億年、$r = 2.000 \times 10^{26}\, m$
$t = 176.80472$ 億年、$r = 2.100 \times 10^{26}\, m$

$t = 256.36061$　億年、$r = 2.200 \times 10^{26}\ m$

$t = 467.52287$　億年、$r = 2.300 \times 10^{26}\ m$

$t = 1153.77095$ 億年、$r = 2.3246 \times 10^{26}\ m$

$r_c = 1.410 \times 10^{26}\ m$ から限界値に近い $r = 2.3246 \times 10^{26}\ m$ まで膨張する。膨張期間は $t = 1153.77095$ 億年である。この時、宇宙の質量は $m = 1.89869 \times 10^{53}\ kg$ から $m = 3.13028 \times 10^{53}\ kg$ へ増加する。この増加は、前述の $r = 1.20052 \times 10^{29}\ m$ への増加 ($m = 1.61661 \times 10^{56}\ kg$)に比べると比較的に小さい。$t = 1153.77095$ 億年に達した後は、$r = 2.3246 \times 10^{26}\ m$ を再スタートの出発サイズとして、更なる膨張が繰り返されると考えられる。

以上の 2 つの膨張速度の解析に基づくと、$v = Hr = 3.47087 \times 10^{8}\ m/s = 1.15775\ c > c$ の宇宙構造は、万有引力定数相当 J 粒子の安定な $n = 1,\ r = 1.20052 \times 10^{29}\ m$ の軌道への移行が可能である。宇宙質量は、$r = 1.53 \times 10^{26}\ m$ の $m = 2.06028 \times 10^{53}\ kg$ から $r = 1.20052 \times 10^{29}\ m$ の $m = 1.61661 \times 10^{56}\ kg$ へ増加する。現宇宙の誕生条件と同様な条件と言える。しかし、$v = c$ の光速度では、$r = 1.410 \times 10^{26}\ m$ から $r = 2.3246 \times 10^{26}\ m$ へ膨張する。この時、宇宙の質量は $m = 1.89869 \times 10^{53}\ kg$ から $m = 3.13028 \times 10^{53}\ kg$ へ増加する。その後、宇宙構造の再膨張の繰り返しに至ると考えられる。将来の宇宙の姿は、膨張速度に依存することになる。すなわち、宇宙深部から供給されるエネルギー量に支配される。過去から現在のハッブル定数の正確な測定と解析が、今後の宇宙構造を予測することにつながる。

索引

■著者略歴　（2023 年 12 月現在）

平田　好洋　（ひらた　よしひろ）

1953年　鹿児島市に生まれる

1972年　県立鹿児島中央高等学校卒業

1976年　鹿児島大学工学部応用化学科卒業

1978年　鹿児島大学大学院工学研究科修士課程応用化学専攻修了

1981年　九州大学大学院工学研究科博士課程応用化学専攻単位取得満期退学

（1983年工学博士号取得九州大学）

1981年－1987年　鹿児島大学工学部助手

1985年－1987年　ワシントン大学材料科学工学科博士研究員

1987年－1989年　鹿児島大学工学部講師

1989年－1994年　鹿児島大学工学部助教授

1994年－2002年　鹿児島大学工学部教授

2002年－2019年　鹿児島大学大学院理工学研究科教授

2019年　鹿児島大学定年退職。鹿児島大学名誉教授

九州大学非常勤講師

研究内容　ムライトセラミックスの合成、炭化ケイ素セラミックスの合成、高イオン導電性セラミックス、固体酸化物形燃料電池、コロイドプロセッシング、複合材料、バイオガス改質、熱物性

受賞歴

・1997 年日本セラミックス協会第 51 回学術賞

・1998 年米国セラミックス学会第 21 回フルラース賞

・2013 年耐火物技術協会若林論文賞

・2018 年公益社団法人日本セラミックス協会フェロー表彰

・2019 年かぎん文化財団賞

ミクロ原子世界とマクロ宇宙のつながり 後編　量子力学と相対性理論

発　行　日　　2024 年 3 月 20 日　第 1 刷発行

著　　　者　　平田好洋
発　行　者　　向原祥隆
発　行　所　　株式会社　南方新社
〒890-0873　鹿児島市下田町 292-1
電話　099-248-5455
振替口座　02070-3-27929
URL　http://www.nanpou.com/
e-mail　info@nanpou.com

印刷・製本　株式会社プリントパック
乱丁・落丁はお取り替えします
定価はカバーに表示しています
ISBN978-4-86124-517-6 C3044